台灣甜品

教科書

沼口由紀　闕韻哲　譯

瑞昇文化

在台灣
甜點也是
醫食同源

一提到台灣的甜點小吃
珍珠奶茶、鳳梨酥、芒果冰等
都是遠近馳名的，
但還有其他相當有吸引力的甜點喔！

種類豐富軟Q的白玉湯圓、滋味甘甜的甜品湯、
使用大量養顏美容食材的點心、
還有水果王國才能製作出來的新鮮果汁。

人氣滿點的豆花、刨冰以及綜合甜湯，
可以選擇各式各樣喜好的配料添加。
夏天時綠豆跟薏仁特別受人歡迎，
女性朋友考量到美容效果也會選擇白木耳與蓮子。
有刻意選擇這些食材的人，也有下意識就選擇的人。

夏天要解身體的熱、冬天要暖心。
不僅止於此，
在點心裡也經常出現的紅棗、龍眼、枸杞子、
紫米（黑糯米）、白木耳、芝麻、豆類、薑與愛玉子…等。
一查詢這些食材的食用功效，令人吃驚的是都對身體有助益。
紅棗、龍眼甚至被譽為是最強的天然營養食品。
吃甜點也能調理身體，是多麼令人喜歡的習慣對吧！
而且，台灣的甜品在砂糖的用量上謹慎，是令人開心的限制。

本書裡一面重現甜點的原汁原味，
一面用心地呈現居家也容易製作的食譜。
要是能夠納入你們的私房甜點製作清單裡，那真是我的榮幸。

沼口由紀

3

目次

本書使用的

。 材料 。

為了製作台灣味的點心，
在這裡介紹本書使用的食材。
本書所呈現的食譜
都是使用身邊就近的超市或烘焙材料行
可以取得的材料。

糖粉

將砂糖研磨成粉狀的製品。容易溶解、製作出輕淡的食感。

中雙糖

濃郁中帶有純淨的甘甜味。可使用台灣的冰糖代替。

砂糖

結晶細、純度高。雜質少、口味較清甜。

黑糖

將甘蔗汁熬煮後凝固成型的製品。含豐富的維生素與礦物質。

脫脂奶粉

將牛奶中的脂肪成分去除，乾燥成粉末狀的製品。

白玉粉

糯米加水浸泡研磨、沉澱後乾燥製成的粉末。

糯米粉

將糯米洗淨、乾燥後再製成粉末的製品。黏性高容易展延。

上新粉

將粳米洗淨、乾燥後再製成粉末的製品。可作出有嚼勁的食感。

水飴

黏液狀的甜味料。具有保溫的效果。

蜂蜜

蜜蜂蒐集的花蜜。

白豆沙餡

由白鳳豆與砂糖等熬製而成的製品。

奶油

本書使用的是無鹽奶油製品。

黑芝麻醬

將炒過的黑芝麻研磨、成為細滑糊狀的製品。

在台灣受人歡迎的
。食材。

介紹在台灣日常食用的水果、
以及製作點心時不可欠缺的食材。
在日本較不熟悉的食材，
最近也變得容易入手。

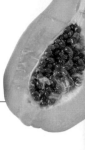

木瓜
酸味少、有著輕甜、滑嫩食感的
水果。

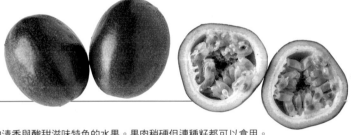

火龍果
有白肉（左）及紅肉（右）2種類型的南島水果。想不用追熟※就
吃到熟成果實的話，建議購買日本產火龍果。

※追熟：水果收成後經過一定時間的放置，增加甜味、軟化果肉的處理方式。

楊桃
切開後的斷面像星星一樣的
水果。帶有稍微甘甜、清爽
的風味。

木薯粉
彈性佳可製作出Q軟的食
感。

百香果
帶有淡淡的清香與酸甜滋味特色的水果。果肉稍硬但連種籽都可以食用。

愛玉種子
是被稱之為愛玉子的無花果
屬植物的果實。在水中揉捏
出萃取物使用。

洛神花茶
洛神花乾燥而成的製品。含
豐富的維生素C。

龍眼乾
是用被稱之為龍眼的水果，
乾燥而成的製品。也有被使
用作為中藥材。

粉圓
由木薯的澱粉製作而成的製
品。

紅豆
營養豐富是甜點中不可欠缺
的豆類。

薏仁
有益養顏美容、健康的穀
物。中藥材裡被稱呼為「薏
苡仁」。

黑米（黑糯米）
古代米的一種。營養豐富，
除了米飯外當然也適合製作
甜品。

綠豆
有解熱、解毒的作用，是夏
天經常使用的豆類。

本書使用的
○ 料理器具 ○

雖然沒有部分器具就無法料理，
但可以設法尋找可用的器具、
善加利用吧！
在使用壓模或模型的食譜篇
可以試著嘗試各式各樣的模型喔！

攪拌

塑膠刮刀
將麵糊攪拌混合、集中時使用。

木匙
揉製內餡、麵糊時使用。

打蛋器
食材打發、攪拌混合時使用。

攪拌盆
將材料混合時使用。

手持攪拌器
在芝麻湯圓篇（P.48）研磨芝麻時使用。

食物調理機
在綠豆糕篇（P.62）將內餡攪拌成糊狀時使用。

附加拉鍊的保鮮袋
在白糖粿篇（P.68）將麵團揉捏混合時使用。

加熱

耐熱容器
食材放入容器裡直接加熱時使用。

小型鍋
製作糖漿或熬煮、水煮少量的食材時使用。

大型鍋
熬煮、水煮時使用。

氟素加工樹脂塗布的平底鍋
煎麵團時使用，氟素加工樹脂塗布的類型使用較順手。在雪Q餅篇（P.64）也有使用。

蒸籠
除了蒸點心外，也使用於米或豆類的蒸煮。使用鐵製蒸籠時，鍋蓋要包上一塊布。

過濾
過篩

網篩

過篩粉類、過濾食材時使用。

網布

在豆花篇（P.36）汲取豆漿時，或是製作愛玉時使用。

壓模
模型

鳳梨酥模型

在鳳梨酥篇（P.24）使用。用壓模棒按壓至表面平整。

迷你磅蛋糕模型

在柱圓蛋糕篇（P.30）使用的是約126ml的類型。

塑膠碗（免洗餐具碗）

在發糕篇（P.32）使用。在台灣購入、是當地經常使用的器具。

馬芬蛋糕模

可以替代製作發糕（P.32）的模型，使用135ml的類型。

小型耐熱陶皿

在紫米糕篇（P.34）使用。有各式各樣的形狀。

月餅模型

在綠豆糕篇（P.62）使用，直徑5cm的小尺寸類型。按壓後製作出糕餅模型。

蛋糕模型

在綠豆糕篇（P.62）使用。有各式各樣形狀的模型相當有趣。

中空圓形環

在綠豆糕篇（P.62）使用的是直徑5cm的類型。

雪Q餅模型

在雪Q餅篇（P.64）使用的是13.5cm×15cm×深4.5cm的類型。

其他

刨冰機

在刨冰篇的食譜（P.12～17）使用，家庭用的類型也OK。

製冰模型

在刨冰篇的食譜（P.12～17）使用，使用刨冰機的附件也OK。

溫度計

測量熱水或加熱糖漿的溫度時使用。

竹籤

確認食材是否熟透、以及脫模時使用。

托盤

放置圓形的丸子、或鋪平材料放入冰箱冷藏時使用。

台　灣

TAIWAN PHOTO TRIP

攝影風情

芒果雪花冰 （ 芒果刨冰 ）

使用添加煉乳的牛奶製成的冰磚製作的刨冰。
不想在美味的芒果時節裡手作看看嗎？

◎ 材料 (2人份)

牛奶冰磚

牛奶 … 300ml
煉乳 … 5大匙

芒果（完熟的果實）… 1大顆
煉乳 … 適量

◎ 作法

1 將牛奶冰磚的材料均勻混合、盛入刨冰專用的製
   冰容器裡，放入冷凍庫結凍。

2 將盛裝器皿預冷靜置。

3 在刨冰前5分鐘，將步驟1從冷凍庫取出靜置。

4 芒果沿著種籽邊緣下刀，分切成3片並去皮，切
   成容易食用的大小。

5 將牛奶刨冰盛滿在容器裡，放上切塊的芒果並淋
   上煉乳。①

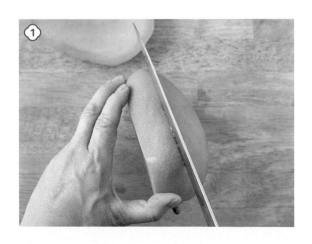

季節水果冰 （ 水果刨冰 ）

簡單的刨冰與糖漿
用色彩繽紛的時令水果襯托。

◎ 材料（2人份）

喜歡的水果 … 適量※
喜歡的冰淇淋 … 適量

糖漿
| 中雙糖 … 75g
| 水 … 1/2杯

※本書使用楊桃、奇異果、草莓、荔枝、火龍果作成。

◎ 作法

1 在刨冰專用的製冰容器裡加水（材料外），放入冷凍庫結凍。

2 將糖漿的材料放入鍋中開火煮沸，煮至中雙糖溶化後關火。等餘熱過後盛入容器內放入冰箱冷藏。

3 將盛裝器皿預冷靜置。

4 將喜歡的水果去掉果皮與種籽，分切成容易食用的大小。

5 在刨冰前5分鐘，將步驟**1**從冷凍庫取出靜置。①

6 在容器內加入適量的糖漿，再盛滿刨冰、添加水果與冰淇淋。

①

黑糖冰 （ 黑糖刨冰 ）

外觀看起來雖然樸實，但黑糖的濃郁與甘醇
充滿在嘴裡頭整個化開來，是我心目中第一名的刨冰。

◎ 材料（2人份）

黑糖冰磚

| 黑糖（塊狀的黑糖請先磨碎）… 4大匙
| 水 … 1又1/2杯

頂飾※

| 甜煮綠豆（請參照P.40）… 適量
| 鳳梨（罐頭）… 適量
| 黑糖蜜（市售品。或是用煉乳替代）… 適量

※頂飾可依個人喜好選擇。香蕉也適合搭配黑糖。

◎ 作法

1 將黑糖冰磚的材料放入鍋中仔細攪拌混合、開火
煮沸，煮至沸騰後再持續熬煮2分鐘、待黑糖溶
化後關火。等餘熱過後盛入容器內放入冰箱冷
凍。在完全結凍之前暫時從冰箱取出，預先上下
攪拌混合、讓冰磚的味道變得均勻。①

2 將盛裝器皿預冷靜置。

3 將鳳梨切成容易食用的大小。

4 在刨冰前5分鐘，將步驟**1**從冷凍庫取出靜置。

5 在容器內加入綠豆或鳳梨等喜好的配料，再盛滿
刨冰、淋上黑糖蜜。

珍珠奶茶 （ 奶茶加粉圓 ）

在日本也廣為人知的珍珠奶茶。
因隨著時間經過口感會逐漸變差，
為享受Q彈的口感，請您務必製作看看！

◎ 材料 (2人份)

紅茶（茶包）… 3袋（6g）　　　　粉圓 …（乾燥、大顆的類型）… 25g
水 … 280ml　　　　　　　　　　糖漿※ … 1/2大匙
牛奶 … 320ml
砂糖 … 4大匙
冰 … 適量

※在小型鍋子裡放入砂糖50g、水50ml（皆為材料外）開火煮沸，煮至沸騰讓砂糖溶化後放涼的製品。也可以使用市售的濃縮糖漿。

◎ 珍珠的作法

1 將粉圓加入大量的水靜置8～9小時泡水還原（※請注意！浸泡在這個標準以上的水量，在煮熟後較容易瀝乾水分。）①

2 煮沸一大鍋水，將步驟**1**瀝乾水分後放入、水煮3～5分鐘。試吃看看、內芯熟透後用網篩瀝乾水分，再快速地過水讓珍珠表面滑溜、再次瀝乾水分。（※依不同產品大小可能有別，請以水煮時的大小為標準。）②

3 為防止沾黏，請將步驟**2**放入小碗、淋上糖漿備用。③

珍珠的冷凍保存・解凍的方法

步驟**2**之後，放入附加拉鍊的保鮮袋，將之攤平、在不重疊的狀態下放入冷凍保存。解凍時，直接在冷凍狀態下放入煮滾的開水迅速地煮開。瀝乾水分後再快速地過一次冷水，再次瀝乾水分後淋上適量的糖漿。

◎ 保存期間　約4小時

◎ 奶茶的作法

4 在小型鍋子裡加入適量的水煮沸，加入紅茶包後以中～大火熬煮3分鐘，再添加牛奶。再次沸騰之前關火、取出紅茶包後添加砂糖，攪拌溶化後再倒入碗等容器，立刻一面將碗底泡入冰水、一面攪拌至茶湯冷卻。

5 待步驟**4**冷卻後取一半分量放入雪克杯，加入冰塊、加蓋上下搖晃約20回直到茶湯起泡。混入空氣後會添加圓潤的口感。

6 在玻璃杯內加入一半分量的步驟**3**，再倒入步驟**5**。當下即使取出冰塊品嘗，也是可以的。覺得甜味不足時，可添加少量糖漿攪拌混合。

◎ 飲用時機　完成時

黑糖珍珠鮮奶

（　鮮奶加黑糖粉圓　）

將牛奶加入用黑糖快速熬煮的粉圓完成的飲品。
跟珍珠奶茶同樣受到歡迎。

◎ **材料**（2人份）

粉圓（乾燥、大顆的類型）… 25g
黑糖（粉末）… 40g
水 … 2大匙
牛奶 … 2杯

◎ **作法**

1　粉圓參照P.19的作法泡水還原。

2　在小型鍋子裡加入黑糖及一定分量的水後開火煮
　　沸。煮至沸騰後轉小火，攪拌混合1～2分鐘至
　　黑糖完全溶解後離火。

3　將步驟**1**參照P.19的作法煮熟。煮至表面滑溜後
　　瀝乾水分、加入步驟**2**的鍋子裡再次開火。煮至
　　沸騰後離火。①

4　在玻璃杯中分別加入一半分量的步驟**3**、以及一
　　半分量的牛奶。常溫下飲用也非常好喝。想喝冰
　　涼的話可以取適量的冰塊放入攪拌混合。要避免
　　口味變淡，請再將冰塊取出。

◎ **保存期間**　黑糖粉圓：約4小時

◎ **飲用時機**　完成時

珍珠蜂蜜檸檬

（　蜂蜜檸檬汁加粉圓　）

在手作檸檬汁裡加入粉圓
成為一道享受食感的清爽飲品。

◎ **材料**（2人份）

　粉圓（乾燥、大顆的類型）… 25g
　糖漿（參照P.19頁）… 1/2大匙
　檸檬（日本產）… 1又1/2顆
　蜂蜜 … 100g
　冷水 … 300～400ml

◎ **作法**

1 粉圓參照P.19的作法泡水還原，煮至表面滑溜後
　　瀝乾水分、淋上糖漿備用。

2 製作蜂蜜檸檬汁。將1/2顆檸檬薄切、其餘榨
　　汁。加入蜂蜜後仔細攪拌混合、靜置約2小時
　　（※檸檬就這樣醃漬浸泡會產生苦澀味，約浸泡
　　1～2天後請取出為佳）。①

3 在玻璃杯中分別加入一半分量的步驟**1**。再分別
　　加入約2又1/2大匙的蜂蜜檸檬汁，以及一半分量
　　的調和檸檬水與冰塊、仔細攪拌混合。

①

◎ **保存期間**　蜂蜜檸檬汁：約一週（冷藏）

◎ **飲用時機**　完成時

鳳梨酥 （ 王梨酥 ）

以伴手禮廣受人歡迎的鳳梨酥。
因為手工製作，成品可以品嘗到酥脆的口感。
使用甘甜且滋味豐富（時令）的鳳梨製作而成。

▌鳳梨餡

◎ **材料**（10顆份）

　生鳳梨切片（完熟的果實）… 450g
　砂糖 … 35g
　水飴 … 27g
　奶油（無鹽）… 20g

◎ **作法**

1 將鳳梨切成5～6mm小丁放入攪拌盆裡，撒上砂糖、靜置約半天。① ②

2 將步驟**1**放入鍋中加入水飴、開中火，以木匙不時地攪拌混合熬煮。水分逐漸收乾後轉為小火、持續不斷地攪拌混合熬煮。直到出現光澤、黏稠的狀態後關火，加入奶油仔細攪拌混合。③

3 移到方形托盤，餘熱過後整個用包鮮膜包覆、放入冰箱冷藏備用。鳳梨餡料冷藏可保存2週、冷凍可保存2個月。④

◎ **保存期間** 10天（常溫）　◎ **食用時機** 當天～1週

餅皮

◎ **材料**（外型4.5cm×4.5cm×高2.4cm　10顆份）

奶油（無鹽）… 75g
脫脂奶粉 … 10g
糖粉 … 30g
低筋麵粉 … 150g

A
全蛋（M size）… 1/2顆
蛋黃（M size）… 1顆份

◎ **準備**

・將奶油放在室溫下軟化備用。
・將材料 **A** 均勻攪拌，放在室溫下回溫備用。
・分別撒上糖粉及低筋麵粉備用。

◎ **作法**

1 在攪拌盆裡面放入奶油，用打蛋器攪拌混合至滑順的乳霜狀。

2 加入脫脂奶粉攪拌混合，再將糖粉分2～3回加入、每回仔細地攪拌混合至奶油呈發白的狀態。① ②

3 將材料 **A** 的蛋液分5～6回加入，每回仔細地攪拌混合至滑順的狀態。③

4 加入一半分量的低筋麵粉，用塑膠刮刀以切拌的方式攪拌混合（※請注意不要揉麵團）。麵團幾乎調和之後加入剩餘的低筋麵粉、迅速地攪拌混合。用塑膠刮刀將麵團由攪拌盆的周圍一面向中央集中、一面擠壓揉合，直到麵粉完全混合為止。④ ⑤ ⑥

5 將麵團用保鮮膜包覆，放在冰箱冷藏約20分鐘醒麵。

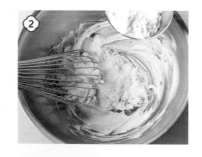

整型與烘烤

◎ 作法

6 烤箱以180℃預熱。

7 將鳳梨餡捏成每顆20g的圓形。麵團每顆30g的圓形（各10顆）。

8 將圓形麵團放在掌心，由上而下壓平成為直徑9〜10cm的麵皮。中央放置鳳梨餡，以麵皮厚度均勻的方式圓形包覆麵皮收口（※在麵皮還沒塌陷前快速的作業。若麵皮塌軟化，可再次放入冰箱冷藏約15分鐘醒麵。要特別注意！若長時間放置在冰箱冷藏，是導致麵團龜裂原因）。⑦ ⑧

9 在鋪上烘焙紙的方形烤盤上間隔放入模型。將步驟**8**分別放入模型，由上而下以掌心輕輕按壓至平坦（※模型的四周圍即使有點縫隙也沒關係，要是有專用的壓模棒也可以使用）。⑨

10 以180℃的烤箱烘烤16〜18分鐘，至表面有微微的烤色為止。用手套等將鳳梨酥從模型取出，放在鐵網上靜置到完全冷卻為止。⑩ ⑪ ⑫

麵粉煎 （ 台式鬆餅、麥芽煎 ）

在台灣的夜市裡發現帶著古早味的樸實點心。
當場在鐵盤上煎好一大片。

◎ 材料 (2人份)

蛋 … 1個	**A**	**B**
砂糖 … 20g	低筋麵粉 … 120g	花生粉 … 2大匙
沙拉油 … 3大匙	泡打粉 … 1小匙	黑糖（粉末）… 2大匙
牛奶 … 120ml	小蘇打 … 1/4小匙	

◎ 準備

・將材料 **A** 仔細地攪拌混合、過篩好備用。　・將材料 **B** 仔細地攪拌混合備用。

◎ 作法

1 在攪拌盆裡打入蛋、用打蛋器打散，加入砂糖後仔細地攪拌混合。加入沙拉油仔細地攪拌混合、再接著加入一半分量的牛奶仔細地攪拌混合。

2 在步驟 **1** 裡將材料 **A** 分2回加入攪拌混合，同時將剩餘的牛奶也加入攪拌混合。

3 將平底鍋預熱後塗上薄薄一層沙拉油（材料外）、暫時離火放在濕抹布上。待降溫後再次開

中火、將一半分量的步驟 **2** 麵糊以長柄勺舀入平底鍋中。這時，由平底鍋的中心稍微上方處開始、將麵糊由內而外推展成漂亮的圓形狀。①

4 迅速地將平底鍋加蓋、以文火煎烤3～4分鐘。當整個麵糊開始起泡、表面收乾時，將材料 **B** 均勻地撒上麵皮再對折。起鍋、以同樣方式煎烤另一片。② ③

◎ **保存期間**　半天（若餘熱過後請避免麵粉煎乾掉）　◎ **食用時機**　完成時

桂圓蛋糕 （龍眼核桃蛋糕）

將帶有煙燻香氣的龍眼
浸泡在養樂多裡呈現溫潤的口感。
是從台灣朋友處學到、相當喜歡的食譜。

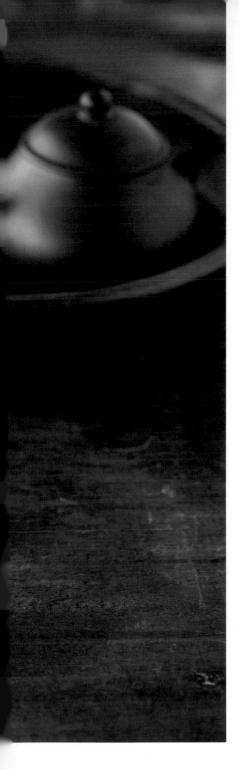

◎ **材料**（迷你磅蛋糕模型〈8cm×3cm×高3.5cm・126ml〉7個份）

龍眼乾（無籽）… 60g
養樂多 … 1罐（65ml）
蛋 … 2顆
黑糖（粉末）… 60g
蜂蜜 … 1大匙
沙拉油 … 1/2杯
核桃 … 50g
萊姆酒 … 2小匙

A

低筋麵粉 … 120g
泡打粉 … 2/3小匙
小蘇打粉 … 1/4小匙

◎ **準備**

・將核桃用150℃的烤箱烘烤10分鐘，隨後靜置在烤箱內放涼。取少許分量做頂飾用，其餘切成粗粒。
・將材料 **A** 攪拌混合備用。

◎ **作法**

1 將龍眼切成粗粒放入鍋中，加入養樂多後開火。煮至沸騰後熄火、靜置放涼。①

2 烤箱以190℃預熱。

3 在攪拌盆裡打入蛋，用打蛋器打發攪拌、再加入黑糖。黑糖顆粒不易溶解的話、可以將攪拌盆一面浸泡在熱水、一面攪拌混合。待黑糖完全融合後再加入蜂蜜攪拌混合。

4 在步驟 **3** 裡分4～5次少許地加入沙拉油，適時地加入步驟 **1**、切碎的核桃以及萊姆酒，仔細地攪拌混合。接下來分2次加入材料 **A**，適時地用塑膠刮刀以切拌的方式攪拌混合。

5 將麵糊等分地倒入模型、放上頂飾的核桃，用190℃的烤箱烘烤6分鐘、再用180℃烘烤約12分鐘。用竹籤戳進去蛋糕體、沒有沾黏麵糊就OK了。將蛋糕從模型取出，放在鐵網上靜置到完全冷卻為止。②

◎ **保存期間**　約一週（常溫）

◎ **食用時機**　完成時當然可以食用，放到隔天回油會更濕潤好吃。

發糕 （ 軟Q軟Q的蒸糕 ）

外表看起來雖是鬆軟的蒸糕，
實際上沉甸甸、有著Q軟的食感、
是會讓人吃上癮的樸實古早味。

◎ **材料**（直徑9cm×高4cm的杯子3個份）

A	黑糖 … 140g
上新粉 … 200g	熱水 … 1/2杯
低筋麵粉 … 100g	水 … 1杯
泡打粉 … 1/2大匙	
小蘇打粉 … 1/4小匙	

◎ **作法**

1 將材料**A**仔細地攪拌混合後過篩。

2 黑糖裡加入熱水後仔細地攪拌混合，完全溶解後再加水混合。

3 在較大的攪拌盆裡放入步驟**1**，再分3～4次加入步驟**2**，同時用攪拌器攪拌混合。①

4 將步驟**3**倒入模型至約9分滿，重敲幾下把多餘的空氣敲出，放入冒出蒸氣的蒸籠蒸25～30分鐘（※使用馬芬蛋糕模型的話，請蒸16～18分鐘）。用竹籤戳進去發糕、沒有沾黏麵糊就完成了。取出放在鐵網上冷卻。②

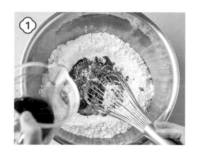

◎ **保存期間** 2～3天

◎ **食用時機** 蒸熟待餘熱過後放置到隔天

※用直徑6.5cm的馬芬蛋糕模型（6個份）製作時，麵糊可能橫向膨脹撐破烘焙紙，請使用雙層。若是用相同大小的鋁製模型製作的話就OK。

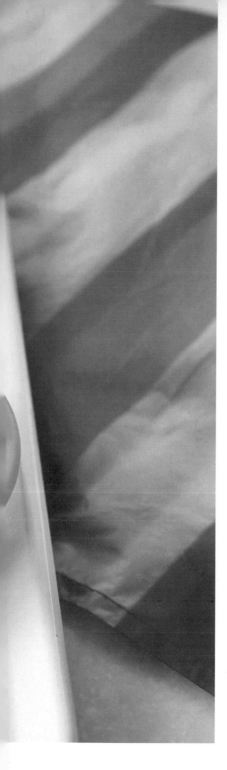

紫米糕 （ 黑糯米甜米糕 ）

古早味的糯米點心「米糕」
由餐廳主廚處學來的新吃法。

◎ **材料**（直徑6～7cm小型耐熱陶皿6個份）

紫米（黑糯米）… 150g　　水煮紅豆（加糖、市售品）… 適量
糯米 … 50g　　　　　　　鮮奶油 … 適量
水 … 1杯
砂糖 … 50g
橄欖油 … 2大匙

◎ **作法**

1 將紫米與糯米混合、淘米洗淨，瀝乾水分後放入
模型等的耐熱容器內，加水靜置約1小時。①

2 將步驟**1**放上冒出蒸氣的蒸籠，蒸煮45分鐘。
趁熱加入砂糖攪拌混合，溶解後再加入橄欖油拌
勻。②

3 在小陶皿的內側塗上薄薄一層橄欖油（材料
外）、放入步驟**2**，用湯匙的背面確實地填壓至

沒有縫隙，再度放上冒出蒸氣的蒸籠、蒸煮7～
8分鐘。從蒸籠取出放涼（※用冰箱冷藏放涼會
變硬）。

4 要漂亮的脫模、先以竹籤沿著小陶皿內側劃過
後、再倒扣取出。上面放上水煮紅豆再淋上鮮奶
油。用香草冰淇淋替代水煮紅豆與鮮奶油也ok！
③

◎ **保存期間**　2天　　◎ **食用時機**　完成時～半天

豆花 （ 豆腐腦 ）

在日本也相當有人氣的「豆花」。
以豆漿手工再製而成、味道相當特別。
這邊介紹大家以身邊的食材凝固成型的方法。

◎ 材料（容易製作的分量）

黃豆 … 100g
水 … 570ml

A
寒天粉 … 1小匙
玉米粉 … 4小匙
水 … 3大匙

糖水
中雙糖 … 45g
薄切薑片 … 3片
水 … 1又1/2杯

◎ 準備

- 將黃豆洗淨，用大量的水（材料外）浸泡一晚備用。①
- 準備擠豆漿用約寬30～35cm×深度40cm左右大小的濾布袋備用※。

※在台灣有市售專用的濾布袋。

◎ 作法

1 將**糖水**的材料全部放入鍋中開火煮沸。煮至沸騰後加入中雙糖溶解、煮2分鐘後關火。接著取出薄切薑片。糖水可以選擇微溫、常溫、冰、微凍結…等，以喜好的溫度加入豆花裡。

2 將黃豆瀝乾水分後加入準備分量的水、用果汁機攪拌。攪拌至幾乎沒有顆粒狀後，將豆漿液倒入開口鋪上濾布袋的攪拌盆或鍋子裡，確實地擠壓濾布袋濾出豆漿。將表面的泡沫撈除、就這樣靜置約10分鐘。② ③ ④

3 在材料**A**的水裡加入寒天粉與玉米粉，仔細地攪拌混合。

4 在鍋子裡放入步驟**2**與步驟**3**混合，開中～小火煮。以木匙從鍋底一面攪拌、一面注意調整火力大小讓鍋底不要燒焦，溫度達95℃後轉小火再煮1～2分鐘至熟透（※因未煮熟不能食用，請確實地煮沸）。⑤

5 將步驟**4**移至攪拌盆裡、撈除表面的泡沫，蓋上去除水蒸氣的廚房紙巾後加蓋。等餘熱過後放入冰箱冷藏4～5小時凝固。⑥

6 將步驟**5**撈起來盛滿食器、倒入糖水。依個人喜好添加P.40的材料作為頂飾也OK！

◎ **保存期間** 豆花：2天（冷藏） ◎ **食用時機** 當天

綜合甜湯 （綜合善哉※）

選出個人喜好的材料自由地搭配組合。
加入微甜的冷凍糖水的話，
可以享受到沁涼又清脆的食感。

※將豆類（主要為紅豆）食物，以砂糖甜煮的日本食物。

◎ **材料**（容易製作的分量）

糖水
 中雙糖 … 125g
 水 … 5杯

◎ **作法**

1 在鍋子裡加入中雙糖與水，開火煮至溶化。糖水可以
 使用微溫、常溫、冰、微凍結，等喜好的溫度。

2 製作頂飾。※頂飾的作法請見P.40介紹。

3 將步驟**2**盛入喜好的食器，倒入步驟**1**。※請抽空準
 備好頂飾的食材備用。白玉湯圓請務必做好的當下使
 用。

◎ **食用時機** 完成時

白木耳

綠豆

金時豆

蕙仁

紅豆

各式各樣的頂飾

好吃又好玩！

刨冰、豆花、甜湯都能享受自由添加的樂趣，這就是台灣味。外觀、味道與口感⋯⋯等因組合搭配的不同，完成的甜點也是各有其特色。

白玉湯圓

椰果

鳳梨

芋圓／地瓜圓

珍珠

白木耳甜湯

◎ 材料

白木耳（乾燥）… 8g
中雙糖 … 2又1/2大匙
水 … 2/3杯

◎ 保存期間

4～5天
（冷藏）

◎ 作法

請參考P.57的步驟 **1**、**2** 做好預先處理。用滾水煮約1小時變軟後，以網篩撈起倒掉熱水。再度放回鍋中，加入中雙糖及準備分量的水後開火煮沸。煮至沸騰後轉至小火，煮約15分鐘至黏稠狀。

甜煮金時豆

◎ 材料

金時豆 … 150g
水 … 4杯
中雙糖 … 90g

◎ 保存期間

3～4天
（冷藏）

◎ 作法

將金時豆洗淨、用大量的水（材料外）浸泡一晚備用。瀝乾水分後加入材料準備分量的水，煮至變軟。將煮汁倒掉一些至金時豆稍微冒出水面，再分3次加入中雙糖、煮到煮汁收乾約為一半分量。

煮薏仁

◎ 材料

薏仁 … 80g
水 … 3杯

◎ 保存期間

1天

◎ 作法

將薏仁分2～3次反覆淘洗，再以大量的水（材料外）泡水靜置約3小時。瀝乾水分後放入鍋子裡，加水開火煮沸。煮至沸騰後轉小火，繼續煮30分鐘後關火、加蓋。蒸10分鐘，待薏仁呈膨脹的狀態後用網篩撈起來瀝乾水分。

甜煮紅豆

◎ 材料

紅豆 … 150g
水 … 4杯
中雙糖 … 90g

◎ 保存期間

3～4天
（冷藏）

◎ 作法

參考P.47的步驟 **1**、**2**，將紅豆煮40～60分鐘變軟。將煮汁倒掉一些至紅豆稍微冒出水面，再分3次加入中雙糖。待先倒入的中雙糖溶化後再依序加入，等全部的中雙糖溶化後，煮到煮汁收乾約為一半分量。

甜煮綠豆

◎ 材料

綠豆 … 150g
水 … 4杯
中雙糖 … 90g

◎ 保存期間

3～4天
（冷藏）

◎ 作法

參考P.59的步驟 **1**、**2** 煮綠豆（為了將綠豆完全煮軟、呈現豆子裂開的綠豆餡狀。這裡用蒸煮的手法，既能保留顆粒又能煮軟的方式處理。將煮汁倒掉一些至綠豆稍微冒出水面，再分3次加入中雙糖。待先倒入的中雙糖溶化後再依序加入，等全部的中雙糖溶化後，煮到煮汁收乾約為一半分量。

椰果

準備適量的市售品，瀝乾湯汁後放入食器中。

鳳梨（罐頭）

瀝乾湯汁、切成容易食用的大小。

白玉湯圓── 請參考p.45
芋圓/地瓜圓──── 請參考p.43
珍珠───── 請參考p.19

芋圓 （ 芋圓甜湯 ）

觀光區有名的九份名產—芋圓。
軟Q、咕溜的食感令人食指大動。

◎ 材料（5～6人份）

地瓜（或紫薯）	A	糖水	
… 淨重200g	木薯粉 … 80g	紅棗 … 8顆	薄切薑片 … 4片
南瓜 … 淨重200g	太白粉 … 20g	砂糖 … 50g	水 … 4杯
		黑糖 … 40g	

◎ 準備

· 將紅棗浸泡在水裡20分鐘還原備用。

· 材料A混合備用。

◎ 作法

1 將**糖水**的材料全部放入鍋中開火煮沸，一煮滾立
刻熄火。

2 將地瓜切成3cm厚的圓切片，去掉外皮、洗淨。

3 南瓜去籽、去皮，切成3～4cm切塊。

4 將步驟**2**與步驟**3**蒸熟至竹籤可以穿透的軟度、
趁熱分別用叉子確實地壓碎成泥。①

5 趁著微溫，將南瓜與地瓜分別少許地加入材料**A**
攪拌混合，以耳垂的軟硬度為標準，用手搓揉捏
成柔軟的芋圓（※地瓜或南瓜水分較多的話請適

當的調整材料粉。麵團較乾的話則添加水分）。
②

6 將步驟**5**個別搓揉成直徑1.5cm的長條狀，再分
切成2cm長短。③

7 用大量的水煮沸後加入步驟**6**，芋圓浮出水面後
繼續煮1～2分鐘，再放入冰水冰鎮。

8 步驟**1**以中火加溫，將步驟**7**瀝乾水分後加入，
芋圓溫熱後放入容器中（※請注意不要煮過
頭）。

◎ 保存期間　糖水：3～4天（冷藏）　◎ 食用時機　完成時

※芋圓在步驟**6**搓揉成長條狀後用保鮮膜包覆冷藏的話，可以保存2天。食用時再分切煮熟即可。

桂圓湯圓 （白玉湯圓甜湯加龍眼）

用據說對身體有益的龍眼乾與紅棗
加上用薑熬煮、甜度適中的甜湯。
是推薦女性朋友的一道白玉湯圓甜品。

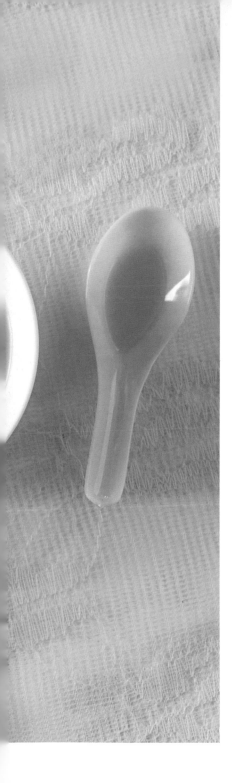

◎ **材料**（4人份）

龍眼乾（無籽）… 20g
紅棗 … 5～6顆
水 … 4杯
薄切薑片 … 5～6片
中雙糖 … 70g

白玉湯圓
| 白玉粉 … 70g
| 水 … 約60ml

◎ **作法**

1　在鍋子裡加入龍眼乾、紅棗，加水後開火煮沸。煮5分鐘後加入薄切薑片、中雙糖，再煮10分鐘後關火。①

2　白玉湯圓請參考P.45下半頁，製作成約直徑1.5cm大小的圓球、煮熟。②

3　步驟1開火煮沸，加入步驟2、快速地加溫後盛入食器中。

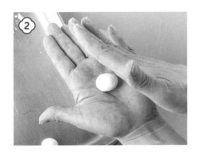

◎ **保存期間**　龍眼糖水：3～4天（冷藏）

◎ **食用時機**　完成時

- -

◎ **白玉湯圓的作法**

1　將白玉粉放入碗裡，加入準備分量的水靜置數秒。開始將粉水揉捏融合在一起。接著以耳垂的軟硬度為標準，確實地揉捏成柔軟的麵團。水量依白玉粉的狀態，適當的調節分量。③

2　將步驟1依照食譜分成適當大小揉捏成圓形。

3　鍋子裡加水煮至沸騰、再放入步驟2，浮出水面後再煮1分鐘。再放入冰水冰鎮。冷卻後瀝乾水分。④

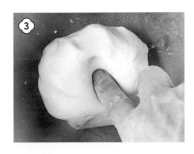

紅豆湯圓 （　紅豆湯加白玉湯圓　）

比起日本的紅豆湯
甜度較低，再多也喝得下！
熱熱喝、常溫喝、冰涼後再喝都同樣美味。

◎ **材料**（4人份）

紅豆 … 150g　　**白玉湯圓**
水 … 6杯　　　　白玉粉 … 70g
中雙糖 … 100g　　水 … 約60ml
鹽 … 1小撮

◎ **作法**

1　將紅豆洗淨放入鍋中，加入大量的水（材料外）開火煮沸，煮至沸騰後再煮15分鐘、離火。將整個鍋子移至水槽，以流水少許緩緩注入鍋中、慢慢地降溫，冷卻後倒入網篩、去掉煮汁。①

2　將紅豆倒回鍋中，加入準備分量的水再次開火煮沸，煮至沸騰後撈除泡沫、轉小火煮40～60分鐘至紅豆變軟。

3　在步驟**2**中分2～3回加入中雙糖（※待先倒入的中雙糖溶化後再依序加入）。等全部的中雙糖溶化後，再快速地加鹽混合、關火。要吃常溫的紅豆就維持這個狀態直接放涼，要吃冰涼的紅豆就接著冷卻。

4　白玉湯圓請參考P.45的作法，做成約直徑1.5cm的大小。

5　將步驟**4**放入食器中，倒入喜好溫度的紅豆湯。想熱騰騰吃的話，可將白玉湯圓放入紅豆湯加熱，再盛入食器中。

◎ **保存期間**　紅豆湯：2～3天（冷藏）　白玉湯圓：當天

◎ **食用時機**　紅豆湯：稍微冷卻入味時
　　　　　　　　白玉湯圓：完成時

芝麻湯圓 （ 黑芝麻餡白玉湯圓 ）

包著大量富含香氣的黑芝麻餡是美味的關鍵。
白玉湯圓摻入豆腐、更容易包餡。

◎ 材料（4人份）

黑芝麻 … 25g
上白糖 … 3大匙
黑芝麻醬 … 1大匙
水飴 … 1/2小匙

白玉湯圓
| 白玉粉 … 85g
| 嫩豆腐 … 約95g

※若有的話可以準備桂花風味糖漿
…適量

◎ 作法

1 黑芝麻炒過後研磨（用研磨缽或手持攪拌器）成濕潤的糊狀。加入上白糖後仔細研磨、再加入黑芝麻醬、水飴，用木匙仔細地攪拌混合。①

2 將步驟1分成每顆4g，以指尖用力揉捏成型、搓揉成圓形。並排在方形托盤裡，再用保鮮膜包覆、送入冰箱冷藏約3小時凝固。②

3 在碗裡加入白玉粉、分次少許地加入嫩豆腐攪拌。以耳垂的軟硬度為標準，用手搓揉捏成柔軟的麵團。

4 將步驟3分成每顆12g的圓形。一次一個放在手掌心按壓成麵皮、將步驟2的黑芝麻餡放上面皮，一面包覆一面收口、整成球型。③

5 鍋子裡加水煮至沸騰後加入步驟4，浮出水面後再煮約2分鐘。在食器中放入白玉湯圓，嘩啦地沖入湯汁。為增添香氣再淋上少許的桂花風味糖漿（※請吃白玉湯圓即可。不要飲用湯汁）。

◎ **保存期間** 水煮前的狀態：1天（冷藏） ◎ **食用時機** 完成時

酒釀湯圓加蛋

（　甜酒釀加蛋花　）

有蛋酒般風味的冬日甜品。
在台灣以類似甜酒的「甜酒釀」來製作。

◎ **材料**（4人份）

甜酒（市售的醇酒類型）… 480ml
水 … 120ml
太白粉 … 1小匙（以等量的水溶解）
蛋液 … 1顆份

白玉湯圓

| 白玉粉 … 70g
| 水 … 約60ml
| 食用色素紅色（天然色素的製品）… 適量

◎ **作法**

1　參考P.45的作法製作白玉湯圓，揉捏成耳垂的軟硬度。接著分取整體1/4的分量、加入溶解於少量水分的食用色素紅色、仔細地揉捏成粉紅色、直徑約2cm大小的圓形。剩餘3/4的分量製作成白色直徑約2cm大小的圓形。參考P.45的步驟**3**水煮、放入冰水冰鎮再瀝乾水分。①

2　鍋子裡加入甜酒、水，開火煮沸。煮至沸騰後加入溶解於水的太白粉、攪拌混合。煮至稍微黏稠狀後加入步驟**1**，慢慢地少許加入蛋液、再次攪拌混合。關火，蛋液熟透後再盛入食器中。②③

◎ **保存期間**　半天　　◎ **食用時機**　完成時

紫米紅豆粥 （ 黑糯米煮紅豆粥 ）

營養滿分、冷冷的天會想品嘗，
有著溫和甜味的甜品粥。

◎ **材料**（4人份）

紫米（黑糯米）… 80g
紅豆 … 70g
水 … 3杯
中雙糖 … 2又1/2大匙

◎ **作法**

1 紫米洗淨，加入1杯水（材料外）浸泡約1～2小時。

2 參考P.47的作法將紅豆煮沸後去掉煮汁、再次沸騰後撈除浮沫。

3 將步驟**2**放入鍋中、加水、加入吸飽水分的步驟**1**後開火煮沸。煮至沸騰後加蓋，不時地開蓋由外而內攪拌混合，以小火熬煮約1小時。①

4 紅豆與紫米煮軟、水分幾乎收乾後，加入中雙糖攪拌混合，完全融化後就完成了。②

※請留意，熬煮的過程中若攪拌過度會變成糊狀。

◎ **保存期間**　半天

◎ **食用時機**　完成時～半天

黑糖地瓜薑湯

（　黑糖薑湯加地瓜　）

大量的黑糖與薑讓身體由內而外生出暖意。
搭配熱呼呼的鬆軟地瓜製作的美味甜湯。

◎ **材料**（4人份）

　地瓜 … 1條（300～350g）
　薑 … 2片
　水 … 5杯
　黑糖 … 70g

◎ **作法**

1 將地瓜切除厚皮後切大塊，浸泡在水裡（材料外）約20分鐘。薑切成薄片。①

2 鍋子裡加入大量的水（材料外）與地瓜、開火煮沸，煮至沸騰後再煮5分鐘，用網篩撈起、倒掉熱水。②

3 將地瓜放回鍋子裡、加入分量的水、薑後再次開火煮沸，煮至沸騰後轉小火熬煮。地瓜煮軟後再加入黑糖，熬煮約5分鐘。

◎ **保存期間**　2天（冷藏）

◎ **食用時機**　當天

白木耳枸杞湯

（ 枸杞甜湯加白木耳 ）

將有美顏效果的白木耳煮至黏稠，
再加入枸杞的甜湯。
完成後加入檸檬汁、整體風味更佳融合。

◎ **材料**（4人份）

白木耳（乾燥）… 10g
枸杞（乾燥）… 1又1/2大匙
水 … 6～7杯
中雙糖 … 100g
檸檬汁 … 1小匙

◎ **作法**

1 將白木耳泡水（材料外）還原，搓揉洗淨去掉蒂頭，撕成容易食用的
大小。枸杞迅速地過水洗淨備用。①

2 鍋子裡加入白木耳與準備分量的水、開火煮沸，煮至沸騰後轉小火、
煮約1小時半變軟。②

3 將步驟**2**的煮汁取出，測量約4杯分量的水（※水量不夠的話請補
足）再倒回鍋中。加入枸杞、煮軟後再加入中雙糖攪拌混合，煮10
～15分鐘。完成後再加入檸檬汁攪拌混合。

※將切成一口大小的水梨、西洋梨、蘋果與枸杞一起熬煮也相當美味。

◎ **保存期間**　3～4天（冷藏）

◎ **食用時機**　完成時～半天

綠豆湯 （ 綠豆甜湯 ）

具有去熱效果的綠豆
是台灣夏天不可欠缺的甜品。
清爽的綠豆滋味令人輕鬆一下。

◎ **材料**（4人份）

綠豆 … 150g
水 … 4又1/2杯
中雙糖 … 75g

◎ **作法**

1　將綠豆洗淨，浸泡在水裡1～2個小時。

2　將步驟**1**的水分瀝乾放入鍋中，加水煮沸。煮至沸騰後轉小火、熬煮25～30分鐘。煮至稍微帶有顆粒狀態關火，立刻加蓋10～15分鐘燜蒸。①

3　將步驟**2**再度開火煮沸，分3次加入中雙糖、煮至沸騰後關火。②

◎ **保存期間**　2～3天（冷藏）　　◎ **食用時機**　待冷卻味道融合後即可（微溫・常溫・微冰等喜好的溫度皆宜）

愛玉子 （薁蕷）

滑順又Q彈的食感，以身為美容食材而聞名。
淋上蜂蜜檸檬糖漿一起食用
是台灣普遍的吃法。

※薁蕷（ò-giô）為台語說法，國語稱為愛玉子。

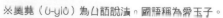

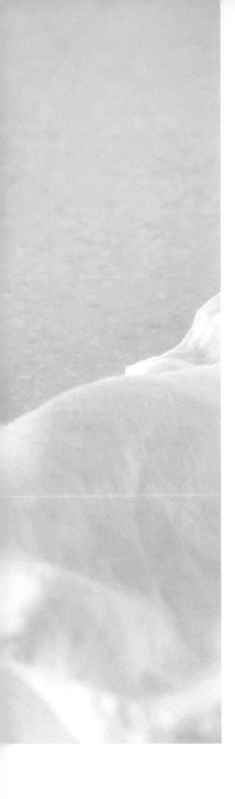

◎ **材料**（容易製作的分量）

愛玉子（種籽）※1 … 10g
礦泉水 … 3杯※2
檸檬汁 … 1顆份（30ml）
蜂蜜 … 3～4大匙
百香果 … 適量

※1　食品行和網路商店都可購得。
※2　使用軟水可能會無法凝固成型。用水質偏硬的礦泉水才不會失敗。

◎ **作法**

1　將水加溫至45℃、倒入乾淨的攪拌盆裡。（※鍋子或攪拌盆若是沾油會無法凝固成型）。

2　將愛玉子裝在濾袋內（※請注意裝袋的愛玉子不要散落出來）、浸泡在步驟**1**的溫水裡約3分鐘。接著在溫水中揉捏6～7分鐘、擠壓濾袋取出果膠融入水中、隨後靜置。待整體凝固後放入冰箱冷藏1～2小時。① ② ③

3　將檸檬汁與蜂蜜仔細地攪拌混合。

4　將步驟**2**適量的盛入食器，適量的淋上步驟**3**，如果有百香果可以添加做為頂飾。

◎ **保存期間**　4～5小時

◎ **食用時機**　完成時

綠豆糕 （ 綠豆鬆糕 ）

「綠豆糕」有分為上海綠豆糕與冰心綠豆糕，
這邊介紹的是濕潤、入口即化的冰心綠豆糕。
不論風味還是外觀都是上等的珍品名點。

◎ 材料 （約10顆份）

剝皮綠豆 … 120g
砂糖 … 40g
鹽 … 1小撮
水飴 … 1大匙
特級初榨橄欖油 … 1又1/2大匙
白豆沙餡（市售品。或是紅豆沙餡）… 50g

◎ 作法

1 將綠豆快速地洗淨，加入大量的水（材料外）浸泡約2小時。大略地瀝乾水分、將濾布平鋪在蒸籠上，待蒸氣冒出來後放入綠豆蒸煮20分鐘。接著一面注意不要燙傷、一面開蓋在綠豆表面均勻地灑上1/2杯分量的水（材料外），再次蓋上蓋子蒸煮10分鐘。用指尖揉捏綠豆，可迅速捏碎的程度即可關火。①

2 步驟**1**趁熱放入食物調理機，加入砂糖、鹽之後打散，砂糖溶解後再加入水飴打散。整體攪拌混合後再加入初榨橄欖油，繼續攪拌至整體融合成黏糊狀。

3 將步驟**2**放入鍋中開火煮沸，一面以木匙仔細地攪拌混合至水分收乾為止。攪拌至黏稠、底部形成白色薄膜後離火，攤平在托盤上完全冷卻。②

4 將步驟**3**分成每顆24g大小的圓形。白豆沙餡分成每顆5g大小的圓形。

5 將步驟**1**綠豆麵團放在掌心，由上而下壓平。中央放置白豆沙餡，包覆、收口整成球形。

6 在月餅模型的內側塗上薄薄一層的橄欖油（材料外），將步驟**5**填入、在烘焙紙上壓模、成型。托盤上也鋪上烘焙紙，將綠豆糕並排在上面。為保持濕潤包覆保鮮膜、再放入冰箱冷藏3小時以上。若沒有月餅模型※，也可以用蛋糕模型或中空圓形環壓模、再用濾布袋擠壓成型即可。③

※月餅模型使用直徑5cm大小的尺寸。

◎ **保存期間** 2天（冷藏） ◎ **食用時機** 半天～隔天

雪Q餅 （ 棉花糖Q餅 ）

所謂的「QQ」是富有彈性軟Q食感的點心。
是時下在春節時贈送的最新流行甜點。

◎ **材料**（13.5cm×15cm×深4.5cm的模型1個）　※大約相同容量大小的容器也OK

奶油（無鹽）… 30g
棉花糖（盡量選顆粒較小的）… 120g
脫脂奶粉 … 20g
5種水果乾＆堅果※ … 100g
餅乾 … 150g

※本書使用的水果乾與堅果採用的是市售綜合果乾。使用蔓越莓或芒果乾
等喜好的水果乾70g、核桃或杏仁等喜好的堅果（無鹽）30g也OK。
若上述的情況，在使用前請切成粗粒備用。

◎ **準備**

・在模型的內側鋪上烘焙紙備用。
・餅乾捏成較大的碎片備用。
・準備隔水加熱用的熱水備用。

◎ **作法**

1　將奶油切塊、放入氟素加工樹脂塗布的平底鍋，
　　隔水加熱。融化後立刻加入棉花糖，用木匙仔細
　　地攪拌混合。①

2　棉花糖完全融化後離火、加入脫脂奶粉混合，接
　　著立刻加入水果乾與堅果、餅乾，整體仔細地攪
　　拌混合（※棉花糖凝固、不易攪拌混合時，可再
　　次隔水加熱軟化）。②

3　將步驟2放入模型，表面粗糙不平整的話，可使
　　用湯匙的背面或橡膠刮刀一面擠壓、一面抹平，
　　直到沒有間隙完全抹平為止。靜置冷卻凝固，若
　　室溫高的情況，待冷卻後可用保鮮膜包覆再放入
　　冰箱冷藏、等待凝固成型。③

4　分切成容易食用的大小。

◎ **保存期間**　約2週　　◎ **食用時機**　隔天～5天

地瓜球 （ QQ 球 ）

在台灣的夜市裡熟悉的炸物點心。
可愛渾圓的炸丸子，外面酥脆、裡面軟Q。

◎ **材料**（20顆份）

　地瓜 … 淨重200g
　砂糖 … 25g
　糯米粉 … 45g
　樹薯粉 … 20g
　炸油 … 適量

◎ **作法**

1 將地瓜切成1.5cm厚的圓切片，去掉外皮、泡水約20分鐘。

2 將步驟**1**並排放入冒出蒸氣的蒸籠，蒸到竹籤可以穿透的軟硬度。蒸熟後移至托盤，趁熱壓碎再加入砂糖，仔細攪拌混合後放涼。

3 將糯米粉與樹薯粉攪拌混合，加入步驟**2**，以耳垂的軟硬度為標準，用手搓揉捏成柔軟的丸子（※不要一口氣加入材料粉，一面觀察軟硬度一面加入）。

4 將步驟**3**分成2等分，個別搓揉成直徑約2cm的長條狀，再分切成10等分、揉捏成圓形。①

5 將步驟**4**放入150℃的油鍋裡不動，經過約1分鐘後不時地用筷子滾動。浮出油鍋後由上而下反覆地按壓回炸約5～6次，地瓜球膨脹後再提高油溫至180℃炸約30秒。②

6 炸成金黃色後取出瀝乾油分。③

◎ **保存期間**　當天　◎ **食用時機**　炸好起鍋時

白糖粿 （ 油炸麻糬加白糖 ）

外表酥脆、內層有著Q軟食感的簡單炸麻糬。
炸好起鍋就能品嘗。

◎ **材料**（容易製作的分量）

糯米粉 … 100g
水 … 100ml
花生粉（或是黃豆粉）… 2大匙
砂糖 … 1大匙
黑芝麻 … 少許
炸油 … 適量

◎ **作法**

1 將花生粉與砂糖攪拌混合備用。

2 將糯米粉放入碗裡、加水揉捏後包覆保鮮膜，以微波爐（600W）加熱1分20秒。

3 在附加拉鍊的保鮮袋內側塗抹薄薄一層沙拉油（材料外），放入步驟2後趁熱、由夾鏈袋上方確實地揉捏成麻糬狀（※請注意不要燙傷）。①

4 步驟3冷卻後，雙手沾油用手將糯米糰分切成一口大小，再搓揉成約小指頭大小的細長條狀。②

5 在170℃的油鍋裡放入步驟4，油炸到麻糬膨脹後起鍋瀝油，趁熱撒上步驟1與黑芝麻。

◎ **保存期間**　半天

◎ **食用時機**　炸完起鍋時

番茄糖葫蘆 （ 冰糖番茄 ）

既是蔬菜也是水果的番茄最適合當作點心。
從酥脆的糖衣中溢出滿滿的果汁。

◎ 材料（容易製作的分量）

迷你番茄 … 16顆（常溫）　**糖漿**

> 砂糖 … 220g
> 水 … 60ml
> 水飴 … 20g
> 食用色素紅色
> （天然色素的製品）… 少許※

※食用色素紅色請依個人喜好增減。
　未添加的情況下，呈現透明的糖衣也可以。

◎ 準備

· 番茄去除蒂頭洗淨，去掉水氣後靜置常溫備用。
· 準備8支竹籤備用。

· 在托盤上鋪上油紙備用。

◎ 作法

1 在鍋裡加入水與砂糖攪拌混合，食用色素紅色加入極少量的水（材料外）溶解，攪拌混合不要結成團。接著再加入水飴攪拌混合。

2 在鍋子開火加熱之前，將番茄每2顆串成一串。確實地串好番茄避免上面的番茄鬆脫。

3 準備比步驟**1**大一圈的鍋子或攪拌盆，放入微溫的水。

4 鍋子開火加熱，一面搖動一面熱煮砂糖（※此時攪拌混合會結晶，為了不要凝固請一面搖動整個鍋子）。糖漿的溫度上升到140℃後，將鍋底浸泡在步驟**3**準備的溫水、避免溫度上升。① ②

5 立刻將步驟**2**浸入沾附糖漿，滴落多餘的糖漿後放上油紙等待凝固。③

※室溫較高時凝固的糖衣會融化，因此沒有立刻食用的情況下可先放入冰箱冷藏。
※若沒有溫度計的情況下，可先用竹籤的前端沾附糖漿試著滴入水中測試，沒有溶化變成固體就OK。

◎ **保存期間**　當天（冷藏）　◎ **食用時機**　完成時

椰棗核桃 （ 椰棗核桃糖 ）

自然甘甜有著黏稠食感的椰棗
與芳香堅果合而為一的健康點心。

◎ **材料**（容易製作的分量）

無籽椰棗乾 … 24顆[1]
核桃（無鹽烘烤的製品）… 約80g[2]

※1　椰棗與乾燥的海棗果實是相同的食物。
※2　可將一半的核桃替換成夏威夷果（無鹽）。

◎ **作法**

將椰棗切出適當大小的切口、夾入
核桃（帶籽的椰棗，切開後取出種
籽）。①

◎ **保存期間**　約2週

◎ **食用時機**　完成時～1週

※本書將完成的椰棗核桃用玻璃紙包裝。
　因有些玻璃紙會掉色，請特別注意。

西瓜汁&西瓜牛奶 （ 西瓜果汁 & 西瓜果汁加牛奶 ）

炎熱的夏天大口暢飲一杯，解身體的熱。

◎ **材料** (各2杯份)

西瓜汁

| 西瓜 … 400g（完熟的甜西瓜）

西瓜牛奶

| 西瓜
|　　… 360g（完熟的甜西瓜）
| 牛奶 … 90ml

◎ **作法**

西瓜汁

將西瓜的紅色果肉部分（不用去籽）切成一口大小、放入果汁機。攪拌至西瓜籽沒有打碎的程度、用粗網目的網篩過濾。若甜度不足的情況下，可適量添加糖漿（材料外），倒入玻璃杯。

西瓜牛奶

作法同西瓜汁，將西瓜分切後放入果汁機。加入牛奶後以果汁機攪拌、用粗網目的網篩過濾。若甜度不足的情況下，可適量添加糖漿（材料外），倒入玻璃杯。

※P.74～79的飲品不耐存放，完成後請立即飲用。

木瓜牛奶

（木瓜果汁加牛奶）

要做出好喝木瓜牛奶的秘訣是，使用外觀呈橘黃色、完熟的木瓜。

◎ **材料**（2杯份）

木瓜
… 1/2顆（200g）
牛奶 … 300ml
糖水（參考P.77）
… 100ml

◎ **作法**

將木瓜削皮、去籽，切成一口大小後放入果汁機。將牛奶、糖水加入果汁機後攪拌。若甜度不足的情況下，可添加少許的果糖或煉乳（皆為材料外）、再稍微用果汁機攪拌。倒入添加冰塊的玻璃杯。

綜合水果汁

（ 綜合水果果汁 ）

品嘗時令水果的鮮嫩果汁。
可自由搭配組合。

◎ **材料**（左邊圖示的飲料2杯份）

蘋果 … 90g
香蕉 … 120g
柳橙 … 50g
奇異果 … 120g

糖水
砂糖 … 1大匙
熱水 … 1杯

◎ **準備**

將砂糖溶解在準備分量的熱水裡製成糖水，放入冰箱冷藏備用。

◎ **作法**

將所有的水果切成一口大小、放入果汁機（※因沒有制式規定，可依個人喜好將草莓、水蜜桃、葡萄等，美味的時令季節水果加入混合）。加入140ml糖水後以果汁機攪拌，再倒入添加冰塊的玻璃杯。

◎ **材料**（右邊圖示的飲料2杯份）

火龍果（紅肉）… 150g
鳳梨 … 150g（完熟的果實）
葡萄柚 … 1/2顆
糖水（請參照上面的做法）… 160ml

◎ **作法**

將所有的水果切成一口大小、放入果汁機（※葡萄柚也可用榨出的葡萄柚汁加入）。加入糖水後以果汁機攪拌，再倒入添加冰塊的玻璃杯。

哈密瓜多多 （ 哈密瓜果汁加養樂多 ）

在台灣，哈密瓜果汁與
養樂多的組合搭配也是人氣飲品。

◎ **材料**（2杯份）

哈密瓜（完熟）
　… 淨重200～240g（選擇喜好的品種）
養樂多 … 2罐（130ml）
冰 … 適量

◎ **作法**

1 將哈密瓜削皮、去籽，切成一口大小。

2 在果汁機裡放入步驟**1**、養樂多。用果汁機攪拌混
　 合至濃郁滑順。

3 將果汁倒入添加冰塊的玻璃杯。

※ 可依個人喜好，一起將冰塊放入果汁機攪拌混合也OK！
※ 在台灣不限於哈密瓜，也有新鮮果汁加多多、稱之為多多
　 鮮果汁的飲品。

愛玉洛神花茶

（ 洛神花茶加愛玉子 ）

清爽酸甜又富含維生素C的洛神花茶。顏色漂亮的茶湯，氣氛也向上提升。用吸管啜飲一口，吸得到咕溜的愛玉子。

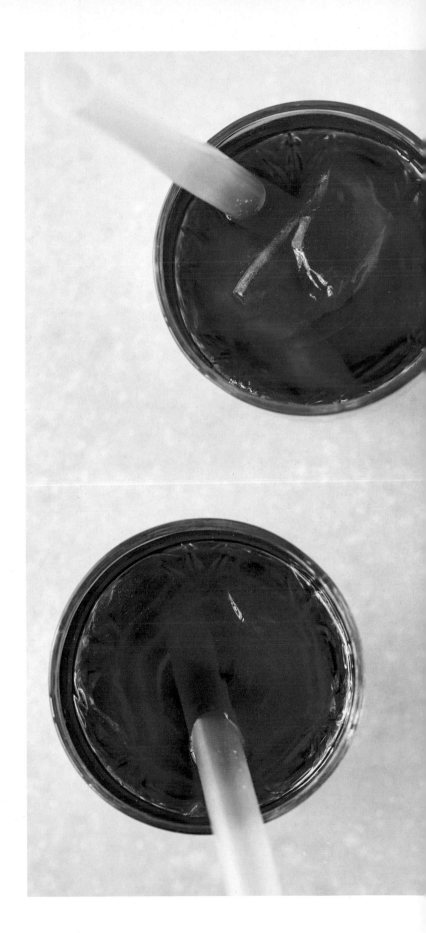

◎ **材料**（2杯份）

洛神花茶
（洛神花茶包）… 3g
熱水 … 400ml
砂糖（或蜂蜜）
… 2大匙（可依個人喜好增添）
愛玉子 … 適量

◎ **作法**

1 將熱水注入洛神花茶包、靜置4～5分鐘浸泡出濃郁的茶湯，趁熱加入砂糖溶解。待餘熱過後冷藏。

2 愛玉子參考P.61的方式製作。

3 用湯匙將步驟**2**舀入玻璃杯、倒入冷卻後的步驟**1**。

PROFILE

沼口由紀

https://namiyoke-st.web.wox.cc/

料理家。現主持『波よけ通りキッチン』教室。曾在Le Cordon Bleu Tokyo、Ritz Escoffier等料理學校學習法式料理以及糕餅製作，拜師有元葉子氏學藝8年後獨立開業。1996年開設料理教室。2009年在築地場外市場(*譯註)開設『波よけ通りキッチン』教室。曾為雜誌、web網站、料理書籍、TV節目等提供各式料理菜單。2015年秋天因緣際會前往台灣留學，現在以台灣餐飲店的評論家身分活躍中。

*譯註：築地市場旁的傳統市場及商店街，與別稱為「場內市場」的批發市場相對。

TITLE

台灣甜品教科書

STAFF		ORIGINAL JAPANESE EDITION STAFF	
出版	瑞昇文化事業股份有限公司	発行人	濱田勝宏
作者	沼口由紀	撮影	柳詰有香
譯者	闕韻哲	スタイリング	本郷由紀子
		調理アシスタント	加藤ひとみ 成瀬佐智子
總編輯	郭湘齡	校正	岡野修也
責任編輯	張聿雯	デザイン	竹中もも子（STUDIO DUNK）
文字編輯	蕭妤秦	企画・編集	柏倉友弥（STUDIO PORTO）
美術編輯	許菩真		平山伸子（文化出版局）
排版	二次方數位設計　翁慧玲		
製版	印研科技有限公司		
印刷	桂林彩色印刷股份有限公司		

法律顧問	立勤國際法律事務所　黃沛聲律師
戶名	瑞昇文化事業股份有限公司
劃撥帳號	19598343
地址	新北市中和區景平路464巷2弄1-4號
電話	(02)2945-3191
傳真	(02)2945-3190
網址	www.rising-books.com.tw
Mail	deepblue@rising-books.com.tw
初版日期	2022年3月
定價	320元

國家圖書館出版品預行編目資料

台灣甜品教科書/沼口由紀作；闕韻哲譯. -- 初版. -- 新北市：瑞昇文化事業股份有限公司, 2022.02
80面；19 x 25.7公分
譯自：台湾のあまいおやつ
ISBN 978-986-401-542-9(平裝)
1.CST: 點心食譜

427.16　　　　　　　　111000109